(Aus dem physiologischen Institut der Universität Marburg.)

DIE ENDPRODUKTE

DER

TRYPSINVERDAUUNG.

HABILITATIONS-SCHRIFT

zur

Erlangung der Venia Docendi
in der Physiologie

einer

Hohen Medicinischen Fakultät zu Marburg

eingereicht von

Dr. FRIEDRICH KUTSCHER,
Assistenten am physiologischen Institut.

STRASSBURG
KARL J. TRÜBNER.
1899.

Im Jahre 1836 wurde durch Purkinje und Pappenheim[1]) die eiweisslösende Eigenschaft des Pankreassaftes entdeckt. Corvisart[2]) bestätigte diese Beobachtung und erweiterte sie wesentlich. Denn er stellte fest, dass der Pankreassaft nicht bloss Eiweiss zu lösen, sondern es auch in eine durch Hitze nicht mehr coagulirbare Form überzuführen vermag. Darauf ruhte die wissenschaftliche Arbeit auf diesem Gebiete längere Zeit. Erst 1867 nahm Kühne[3]) die Beobachtungen Corvisart's wieder auf. Seither verdanken wir hauptsächlich Kühne die Erweiterung unserer Kenntnisse über den Abbau der Eiweisskörper durch das eiweisslösende Enzym des Pankreas, «das Trypsin».

So zeigte Kühne[4]) bereits 1867 in einwandfreien Versuchen die tiefgehende Spaltung der Eiweisskörper durch das Trypsin, die sich durch das Auftreten reichlicher Mengen von Leucin und Tyrosin äusserte. Weiter arbeitete er Methoden aus, welche gestatteten, unter Anwendung gewisser Antiseptica bei den Verdauungsversuchen mit Trypsin die Fäulniss mit Sicherheit auszuschliessen, ohne dabei doch die Wirkung des Fermentes merklich zu schwächen.[5]) Damit war die Möglichkeit gegeben, das Trypsin beliebig lange Zeit auf die Eiweisskörper einwirken zu lassen. Im Jahre 1876[6]) veröffentlichte er dann seine Ansichten über den Abbau der Eiweissstoffe durch die beiden eiweisslösenden Enzyme des thierischen Körpers, das «Pepsin» und das «Trypsin». Darnach sollte das Eiweiss-

1) Citirt nach Corvisart. Sur une fonction peu connue du Pankréas. Paris 1857-58.

2) Corvisart l. c.

3) Virchow's Archiv. Bd. 39, S. 130.

4) l. c.

5) Verhandlungen des naturhist.-med. Vereins zu Heidelberg. N. F. Bd. 1, Jahr 1877, S. 190 und Zeitschrift für Biologie, Bd. 19, S. 164.

6) Verhandlungen des naturhist.-med. Vereins zu Heidelberg. N. F. Bd. 1, Jahr 1877, S. 236.

molekül durch die beiden Enzyme in eine widerstandsfähige Antigruppe und eine leicht zerstörbare Hemigruppe gespalten werden. Während nun das Pepsin beide Gruppen nur bis zu den entsprechenden Peptonen abzubauen vermochte, sollte das Trypsin noch das Hemipepton zersetzen und daraus Leucin, Tyrosin etc. bilden können, das Antipepton dagegen nicht weiter verändern. Diese Ansichten gibt das erste von Kühne[1]) aufgestellte Schema der digestiven Eiweissspaltung wieder. Ich lasse dasselbe hier folgen:

Schema der digestiven Eiweissspaltung.

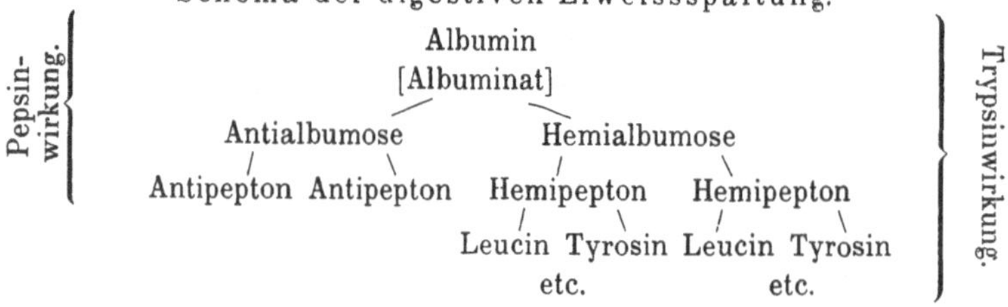

Die nachfolgenden zahlreichen Arbeiten bedingten naturgemäss einige Aenderungen. Dieselben betrafen jedoch nur Nebensächliches, und die bisher gängigen Ansichten über den Abbau der Eiweisskörper durch die proteolytischen Enzyme des Körpers lehnen sich noch eng an jenes erste von Kühne entwickelte Schema an. Es fällt dies sofort auf, wenn man das von Neumeister[2]) wiedergegebene Schema betrachtet, welches uns die durch das Trypsin an den Eiweisskörpern hervorgerufenen Veränderungen veranschaulichen soll. Auch dieses Schema gebe ich nachstehend wieder:

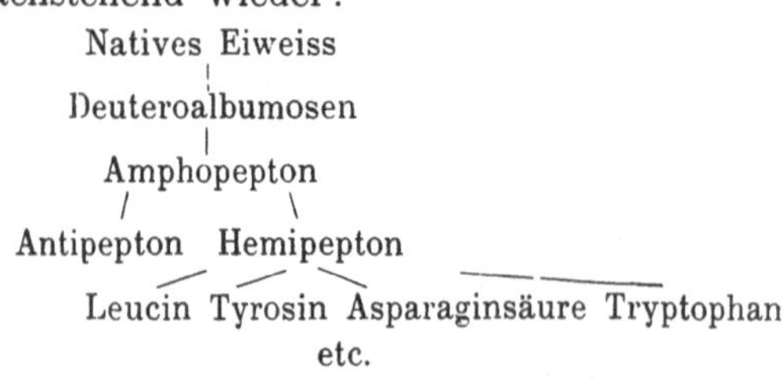

1) Verhandlungen des naturhist.-med. Vereins zu Heidelberg. N. F. Bd. 1, Jahr 1877, S. 241.

2) Neumeister, Lehrbuch der physiol. Chemie, Aufl. II, Theil 1, S. 247.

Wir sehen daraus, dass nur die Mittelglieder des alten Kühne'schen Schemas eine Aenderung erfahren haben, die Endglieder dagegen die gleichen geblieben sind.

Von diesen Endprodukten waren Leucin und Tyrosin, die den Haupttheil der aus der Hemigruppe hervorgehenden Substanzen bilden sollten, wohl bekannt. Auch die in kleinen Mengen bei der Pankreasverdauung entstehenden, als Zersetzungsprodukte der Hemigruppe angenommenen Körper, Asparaginsäure, Glutaminsäure, Ammoniak, Tryptophan*) waren chemisch fast alle gut charakterisirt. Der unbekannte Rest der aus der Hemigruppe bei der Pankreasverdauung gebildeten Substanzen schien nur noch ein geringer zu sein.

Weniger unterrichtet waren wir bezüglich der chemischen Beschaffenheit des einzigen bei der Pankreasverdauung entstehenden Endgliedes der Antigruppe des «Antipeptons». Kühne[1]) drückt sich betreffs desselben sehr vorsichtig aus: Jedenfalls hielt er das nach seiner Methode isolirbare Antipepton noch für ein Gemenge. Die betreffenden Angaben Kühne's glaube ich nun nicht falsch auszulegen, wenn ich annehme, dass Kühne sein Antipepton wenigstens aus peptonartigen Körpern (anders wäre ja der Name «Antipepton» kaum anwendbar gewesen) zusammengesetzt hielt. Im Gegensatz hierzu schienen die Arbeiten von Siegfried[2]) und Balke[3]) die chemische Individualität des

*) Asparaginsäure wurde zuerst aus den Produkten der Pankreasverdauung durch Salkowski und Radziejewski isolirt. Ber. der deutsch.-chem. Ges. Bd. VII, 1874, S. 1050.

Glutaminsäure wurde von Knieriem aus Verdauungsprodukten pflanzlicher Eiweissstoffe gewonnen. Zeitschr. f. Biol., Bd. XI, S. 198.

Ammoniak haben Hirschler (Zeitschr. f. physiol. Chemie, Bd. X, Jahrg. 1886, S. 302) und Stadelmann (Zeitschr. f. Biol, N. F., Bd. VI, Jahrg. 1888, S. 261) bei der Trypsinverdauung nachweisen können.

Das Tryptophan wurde 1831 von Tiedemann und Gmelin im Pankreassaft des Hundes gefunden.

1) Zeitschrift für Biologie, Bd. XXII, Jahrg. 1886, S. 452 und Bd. XXVIII, Jahrg. 1891, S. 571.

2) Archiv für Anatomie u. Physiologie. Physiol. Abth., Jahrg. 1894, S. 414 und Zeitschrift für physiol. Chemie, Bd. XXI, S. 360.

3) Zeitschrift für physiol. Chemie, Bd. XXII, S. 248.

Antipeptons nachzuweisen, dem sie die Formel $C_{10}H_{15}N_3O_5$ zuschrieben. Nach den von mir angestellten Untersuchungen ergaben sich jedoch diese Angaben als irrige.[1]) Das nach Kühne[2]) und Balke[3]) dargestellte, durch Umfällung mit Phosphorwolframsäure gereinigte Antipepton war ein Gemenge. Dasselbe bestand zum grossen Theil aus den erst in letzter Zeit durch die Arbeiten Schulze's, Drechsel's, Hedin's und Kossel's bekannt gewordenen Hexonbasen, welche sich nach den namentlich von Kossel[4]) ausgearbeiteten Methoden daraus darstellen liessen.

Der durch Phosphorwolframsäure nicht fällbare Theil des Antipeptons war bisher noch von keiner Seite untersucht worden. Man schien allgemein angenommen zu haben, dass er mit Ausnahme von etwas Leucin und Tyrosin das der Phosphorwolframfällung entgangene Antipepton enthielt, das natürlich gleiche Zusammensetzung wie das durch Phosphorwolframsäure gefällte Antipepton haben musste und nur durch die genannten Körper verunreinigt sein konnte. Dem war aber nicht so. Es fand sich allerdings nach Beseitigung der überschüssigen Phosphorwolframsäure Leucin und Tyrosin. Im Uebrigen erwies sich jedoch dieser Theil reich an organischen Säuren, die den durch die Phosphorwolframfällung ausgeschiedenen Basen zu entsprechen schienen. Aus dem Gemenge der Säuren liessen sich Asparaginsäure und Glutaminsäure herausholen. Beide hatte man bisher als Abkömmlinge der Hemigruppe betrachtet. Dabei fanden sich alle aus dem Antipepton isolirbaren Körper nicht bloss in Spuren vor. Ihre Ausbeute näherte sich vielmehr sehr derjenigen, die durch Einwirkung concentrirter Schwefelsäure aus dem der Trypsinverdauung unterworfenen Eiweiss zu gewinnen gewesen wäre.

Die letzten Thatsachen sprachen im Gegensatz zur Theorie Kühne's für eine annähernd vollkommene Sprengung des

---

1) Zeitschrift für physiol. Chemie, Bd. XXV, S. 195 u. Bd. XXVI, S. 110.

2) Zeitschrift für Biologie, Bd. XXII, S. 434 u. Bd. XXIX, S. 1 u. ff.

3) Zeitschrift für physiol. Chemie, Bd. XXII, S. 248.

4) Zeitschrift für physiol. Chemie, Bd. XXVI, S. 165.

Eiweissmoleküls durch das Trypsin, sehr ähnlich der, wie sie durch längeres Kochen von Eiweiss mit concentrirter Schwefelsäure erreicht wird. Hier wie dort kommt man nach der Auskrystallisation von Leucin und Tyrosin zu einem chemisch schwer zugänglichen Syrup. Von diesen gibt der nach Spaltung der Eiweisskörper durch Schwefelsäure gewonnene unter Anwendung geeigneter Methoden Lysin, Arginin, Histidin, Asparaginsäure, Glutaminsäure; der bei der Trypsinverdauung erhaltene, durch Ammonsulfat, Alkohol und Aether gereinigte und dann Antipepton genannte Lysin,[1] Arginin, Histidin, Asparaginsäure, Glutaminsäure.[2] Beide machen ungefähr die Hälfte des der Spaltung unterworfenen Eiweisses aus und sind ihrem Aussehen wie der Analyse nach einander sehr ähnlich.

So schildert z. B. Ritthausen[3] den nach Auskrystallisation von Leucin und Tyrosin bleibenden Rest der Zersetzungsprodukte des mit Schwefelsäure gesprengten Legumins folgendermaassen: «Nach Ausscheidung von Tyrosin und Leucin aus der Zersetzungsflüssigkeit sind andere feste Körper auf keine Weise weder durch Stehen, Abkühlen oder Behandeln mit Alkohol zu gewinnen.

Es gab der bedeutende Rest (von 60 gr. Erbsen Legumin ca. 28 gr.), eine schmierige, gelbliche Masse, bei der Analyse, nachdem bei 100° C. im Wasserstoffstrom getrocknet war, 44,42% C, 7,18% H, 15,66% N.»

Auch das Antipepton lässt sich nur unter Beobachtung ganz besonderer Vorsichtsmassregeln anders als in Form einer schmierigen, gelblichen Masse gewinnen. Ebenso nähern sich

---

1) Lysin wurde zuerst von Hedin unter den Spaltungsprodukten der Trypsinverdauung beobachtet. Archiv f. Anat. u. Physiologie. Abtheilung für Physiol., Jahr 1891. S. 273.

2) In zwei früheren Arbeiten (s. Zeitschrift für physiol. Chemie, Bd. XXV, S. 195 u. Bd. XXVI, S. 110) habe ich Arginin, Histidin und Asparaginsäure als Bestandtheile des Antipeptons nachweisen können. Lysin und Glutaminsäure sind von mir in letzter Zeit aus dem Antipepton Balke's gewonnen worden. Die analytischen Belege werde ich anderweitig veröffentlichen.

3) Journal für prakt. Chemie, Bd. 103, Jahrg. 1868, S. 236.

die letzten Analysenwerthe, die Kühne[1]) für das durch Phosphorwolframsäure nicht gereinigte Drusenpepton angibt, auffallend den von Ritthausen gefundenen. Des besseren Vergleiches halber stelle ich die beiden Analysen in der nachfolgenden Tabelle zusammen:

Von Ritthausen analys. Rest		Von Kühne analys. Drüsenpepton
C	44,42 %	44,35 %
H	7,18 %	7,00 %
N	15,66 %	15,63 %

Die quantitativen Reactionen aber, die Kühne für das Antipepton angibt, schwanken bei Präparaten verschiedener Darstellung[2]). Ausserdem kommen sie zum grossen Theil dem nach Zersetzung des Eiweisses durch starke Säuren gewinnbaren Syrup zu. Bei der Unterscheidung würde daher ernstlich nur eine, nämlich die Biuretreaction, in Betracht kommen. Dieselbe ist bisher allgemein dem Antipepton zugeschrieben worden, während sie den bei der Zerstörung des Eiweisses durch concentrirte Säuren entstehenden Reactionsprodukten fehlt. Sie hat jedoch sehr wesentlich an Werth verloren, seitdem sich gezeigt hat, dass sie durchaus nicht der Gesammtmasse des Antipeptons, sondern nur einem Theil derselben zukommen kann. Ob dieser Theil aber klein oder gross ist, darüber fehlt uns zur Zeit jede Vorstellung. Können wir jedoch nachweisen, dass er klein ist, gewissermaassen nur als Verunreinigung den übrigen unter dem Sammelnamen «Antipepton» vereinigten Substanzen anhaftet, oder dass er durch das Trypsin unter geeigneten Bedingungen überhaupt vernichtet werden kann, dann wird natürlich auch dieses letzte Differenzirungsmerkmal hinfällig werden. Diesen Nachweis habe ich im Folgenden zu führen versucht.

---

1) Zeitschrift für Biologie, Bd. XXIX, Jahrg. 1892, S. 323.
2) Zeitschrift f. Biologie, Bd. XXII, S. 450 u. Bd. XXIX, S. 323.

Experimenteller Theil.

In einer seiner letzten Arbeiten über Peptone und Albumosen erwähnt Kühne[1]) die auffällig schwache Biuretreaction des Drüsenpeptons, d. h. des Antipeptons, das bei der Selbstverdauung der Pankreasdrüse aus den Eiweisskörpern des Pankreas sich bildet. Ich konnte daraus vermuthen, dass ich durch Pankreasselbstverdauung zu einem Reactionsprodukt kommen würde, welches geringere Mengen biuretgebender Substanz enthalten musste, als die übrigen Antipeptone, und deshalb für meine Untersuchungen besonders geeignet war.

Ich unterwarf daher 450 gr. nach Kühne-Chittenden[2]) dargestelltes Trockenpankreas der Autodigestion. Zu diesem Zweck wurden dieselben nach der Vorschrift von Kühne-Chittenden[3]) 12 Stunden mit 2,5 Liter Salicylsäure von 0,1 % + 0,25 % Thymol bei 40° C. digerirt, abgepresst, mit 2,5 Liter Sodalösung von 0,25 % und Chloroform weitere 12 Stunden digerirt, wieder abgepresst, die Flüssigkeiten vereinigt und zusammen auf 0,25 % Sodagehalt gebracht. Die so bereitete Flüssigkeit goss ich in eine grosse Flasche, versah sie mit einem reichlichen Ueberschuss von Chloroform und Thymol und brachte sie am 21. April 1898 wohlverschlossen in einen auf 40° C. eingestellten Brutschrank. Am 11. September 1898 brach ich den Versuch ab. Die Verdauungsflüssigkeit stand vollkommen klar über einem hauptsächlich aus Tyrosin bestehenden Niederschlage. Sie zeigte sehr schwache Biuretreaction, die erst nach Zugabe eines starken Ueberschusses von Natronhydrat auftrat. Nachdem sie von dem Niederschlage abfiltrirt war, wurde sie mit Essigsäure angesäuert, aufgekocht, filtrirt. Da in einer Probe des Filtrates durch Sättigung mit Ammonsulfat eine merkbare Trübung nicht eintrat, wurde die Hauptmasse ohne vorgehende Reinigung durch Ammonsulfat zunächst auf freier Flamme, später auf dem Wasserbade auf ca. 1 Liter einge-

---

1) Zeitschrift f. Biologie, Bd. XXIX, Jahr 1892, S. 324.
2) Zeitschrift f. Biologie, Bd. XXII, Jahr 1886, S. 435.
3) l. c. S. 442.

dampft. Nach dem Erkalten erstarrte sie zu einem Krystallbrei. Von den ausgeschiedenen Leucin- und Tyrosinmassen wurde der flüssige Theil mittelst einer gut arbeitenden Saugpumpe abgesaugt. Der so gewonnene dünne Syrup wurde nach dem von Neumeister[1]) angegebenen kürzeren Verfahren (natürlich unter Fortlassen des Aussalzens mit Ammonsulfat) auf gereinigtes Antipepton verarbeitet. Dazu wurde er auf 2 Liter aufgefüllt, mit Schwefelsäure angesäuert und mit Phosphorwolframsäure in der Kälte gefällt. Ich erhielt auf diese Weise zwei grosse Fractionen, eine durch Phosphorwolframsäure fällbare und eine durch Phosphorwolframsäure nicht fällbare, von denen ich die erste Fraction A, die zweite Fraction B nennen will.

Fraction A.

Der voluminöse Phosphorwolframniederschlag, der der Theorie nach hauptsächlich aus der Phosphorwolframverbindung des Antipeptons hätte bestehen müssen, wurde abgesaugt, mit Wasser gewaschen, in grossen Schalen mit Wasser aufgeschwemmt, auf 50° C. erwärmt und vorsichtig mit einer bei 50° C. gesättigten Barytlösung zersetzt. Dabei entwich reichlich Ammoniak.[2]) Sobald sich durch Natriumcarbonat der erste bleibende Barytüberschuss nachweisen liess, wurde schnell von den unlöslichen Barytverbindungen abfiltrirt und in das Filtrat Kohlensäure zur Ausfällung des überschüssigen Baryts eingeleitet. Vom ausgeschiedenen kohlensauren Baryt wurde abfiltrirt, die erhaltene, ca. 6 Liter betragende Flüssigkeit zunächst auf freier Flamme, darauf auf dem Wasserbade stark eingeengt. Dabei schieden sich noch geringe Mengen kohlensauren Baryts ab. Auch diese wurden abfiltrirt. Das neue

---

1) Neumeister, Lehrbuch der physiologischen Chemie, II. Aufl., Th. I, S. 252.

2) Bekanntlich hat man das bei der Pankreasverdauung sich bildende Ammoniak der Theorie zu Liebe der Hemigruppe zugeschrieben. In Wirklichkeit muss es sich aber in dem Syrup finden, der nach Auskrystallisation des Leucins und Tyrosins zurückbleibt und hauptsächlich das Antipepton darstellt.

Filtrat reagirte stark alkalisch und gab schwache, aber zweifellose Biuretreaction. Zur Bestimmung des Gesammtstickstoffs wurde es genau auf 1 Liter aufgefüllt. Davon sättigten je 3 ccm. in zwei Parallelbestimmungen, nach Kjeldahl behandelt, 27,1 ccm. $^1/_{10}$ Normaloxalsäure ab. Da ich ausserdem 16 ccm. für einige qualitative Reactionen verbrauchte, so berechnet sich für den Rest von 978 ccm. der Gesammtstickstoff zu 12,37 gr. Derselbe würde, mit dem für das gereinigte Drüsenpepton berechneten Factor von 5,62 multiplicirt, 69,51 gr. gereinigten Drüsenpeptons entsprechen. Um die in der Fraction A vermutheten Hexonbasen abzuscheiden, wurden die von ihr verbliebenen 978 ccm. auf ca. 2 Liter aufgefüllt und die stark alkalische Flüssigkeit so lange mit 10 %iger Silberlösung versetzt, als ein Niederschlag entstand.[1] Das Filtrat von der voluminösen weissen Fällung wurde durch ammoniakalische Silberlösung nicht mehr getrübt, ein Zeichen dafür, dass das etwa vorhandene Histidin vollkommen als Silberverbindung ausgefällt sein musste. Der Silberniederschlag wurde abfiltrirt und mit kaltem Wasser sorgfältig ausgewaschen. Ich will ihn mit Histidinfraction bezeichnen.

Histidinfraction.

Um den Silberniederschlag zu reinigen, schwemmte ich ihn in Wasser auf, dem ich Salpetersäure bis zur schwach sauren Reaction zufügte. Dabei löste sich ein bedeutender Theil des Niederschlages leicht auf. Der zurückbleibende Rest konnte kein Histidin mehr enthalten, da das Histidinsilber in Salpetersäure leicht löslich ist. Er wurde daher abfiltrirt, um später verarbeitet zu werden. Das Filtrat wurde nun vorsichtig zunächst mit Ammoniak, zum Schluss mit ammoniakalischer Silberlösung gefällt, bis eine klar filtrirte Probe mit ammoniakalischer Silberlösung eine Trübung nicht mehr gab. Die neue gereinigte Silberfällung wurde abfiltrirt, mit Wasser gewaschen, in Wasser aufgeschwemmt und vorsichtig mit Salzsäure zer-

---

1) Hedin, Zeitschrift für physiol. Chemie, Bd. XXII, S. 191.

setzt. Die vom Chlorsilber ablaufende Flüssigkeit gab keine Spur von Biuretreaction. Ich koncentrirte sie zum dünnen Syrup, wobei sie sich stark bräunte, und stellte sie zur Krystallisation auf. Da sich in längerer Zeit keine Krystalle abscheiden wollten, fällte ich den mit Wasser aufgenommenen Syrup mit Bleiessig. Das Filtrat von der Bleifällung wurde durch Schwefelwasserstoff vom überschüssigen Blei befreit, unter Zusatz von etwas Salzsäure stark eingeengt. Es war jedoch aus dem neuen Syrup eine Krystallisation erst zu erhalten, nachdem ich ihn mit Thierkohle gekocht, zum dicken Syrup eingedampft und diesen mit Alkohol überschichtet hatte. Beim langsamen Verdunsten des Alkohols schieden sich reichlich Krystalle aus. Dieselben wurden abgesaugt. Die Mutterlauge wurde vom Chlor durch Silbernitrat befreit und von Neuem durch Ammoniak und Silbernitrat gefällt. Nachdem die Fällung mit kaltem Wasser ausgewaschen war, wurde sie in gesättigter Barytlösung aufgeschwemmt. Nach einigen Stunden wurde sie wieder abfiltrirt. Sie hatte sich inzwischen stark geschwärzt, sowie etwas vermindert. Mit Salzsäure zersetzt, vom anhängenden Baryt durch Schwefelsäure befreit, lieferte sie schliesslich einen Syrup, der unter Alkohol eine neue Krystallisation absetzte. Dieselbe wurde mit der ersten vereinigt, in Wasser gelöst, durch Thierkohle vollkommen entfärbt, mit Salzsäure stark übersäuert und auf ein kleines Volumen eingeengt. Es schieden sich jetzt schnell stark glänzende farblose Krystalle ab. Für die Analyse wurden sie nochmals in wenig heisser concentrirter Salzsäure gelöst, durch Alkohol und Aether gefällt. Die schliessliche Ausbeute betrug 2,5 gr.

Es gaben 0,1534 gr. der bei 120° C. getrockneten Substanz bei der volumetrischen Stickstoffbestimmung 24,6 ccm. N bei 742,5 mm. Barometerstand und 15° C. Als Sperrflüssigkeit diente 25% Kalilauge.

Für $C_6H_9N_3O_2 . 2HCl$

Berechnet:	Gefunden:
N = 18,42%.	N = 18,43%.

Es war demnach zum Mindesten 0,46 gr. des Gesammtstickstoffs an Histidin gebunden.

Die Mutterlauge vom salzsauren Histidin vereinigte ich mit der Flüssigkeit, die ich erhielt, als ich die bei der Reinigung des Histidins erhaltene Bleifällung in Wasser aufschwemmte, mit Schwefelwasserstoff zersetzte und vom Schwefelblei abfiltrirte. Das Ganze füllte ich auf 250 ccm. auf. Davon wurden 10 ccm. nach Kjeldahl behandelt. Sie sättigten ab 10,8 ccm. $^1/_{10}$ Normaloxalsäure. Demnach enthielten die 250 ccm. 0,378 gr. des Gesammtstickstoffs.

Es blieb noch der in schwacher Salpetersäure nicht lösliche Rest. Ein Theil davon löste sich bei der Behandlung mit kalter Salpetersäure vom specifischen Gewicht 1,1 gr. Durch Abstumpfen der sauren Reaction mit Ammoniak liess er sich wieder niederschlagen, ich habe ihn jedoch bisher nicht weiter verfolgt. Den in kalter Salpetersäure nicht löslichen Theil endlich brachte ich durch siedende Salpetersäure vom specifischen Gewicht 1,1 gr. unter Zugabe von etwas Harnstoff zur Lösung. Nach dem Abkühlen der heiss filtrirten Lösung schieden sich die schwer löslichen Silbernitratverbindungen von Guanin, Adenin und Hypoxanthin krystallinisch aus. Ihre Trennung geschah nach dem von Kossel und seinen Schülern ausgearbeiteten Verfahren.

Danach wurde gewonnen 0,909 gr. Guaninsilbernitrat, 1,619 gr. krystallwasserfreies Adeninpikrat, 0,226 Hypoxanthinsilbernitrat. Das Filtrat der genannten Basen lieferte noch 0,255 gr. Xanthinsilber. Vom Gesammtstickstoff waren also gebunden an Guanin 0,198 gr., an Adenin 0,3113 gr., an Hypoxanthin 0,0413 gr., an Xanthin 0,0364 gr.

Beleganalysen: Es gaben 0,213 gr. Guaninsilbernitrat über Schwefelsäure bis zum konstanten Gewicht getrocknet 0,0711 gr. Ag = 33,38 %.

Für $C_5H_5N_5O . AgNO_3$

Berechnet:	Gefunden:
Ag = 33,65 %.	Ag = 33,38 %.

Es gaben 0,149 gr. bei 120° C. getrocknetes Adeninpikrat bei der volumetrischen Stickstoffbestimmung 40,6 ccm. N. bei 12,25° C. und 739 mm. Barometerstand. Als Sperrflüssigkeit diente 25 % Kalilauge.

Für $C_5H_5N_5$, $C_6H_2[NO_2]_3OH$

Berechnet:	Gefunden:
N = 30,77 %.	N = 31,28 %.

0,221 gr. über Schwefelsäure getrocknetes Hypoxanthinsilbernitrat gaben 0,0771 gr. Ag = 34,88 %.

Für $C_5H_4N_4O . AgNO_3$

Berechnet:	Gefunden:
Ag = 35,29 %.	Ag = 34,85 %.

Die Silberbestimmung im Xanthinsilber ging mir leider verloren, und zu einer zweiten langte der mir verbliebene Rest bei der geringen Ausbeute nicht mehr.[1])

Der von der Histidinportion ablaufenden Flüssigkeit wurde noch Silberlösung zugefügt, bis eine Probe mit gesättigter Barytlösung nicht mehr eine weisse, sondern leicht braungefärbte Fällung gab. Darauf wurde die Hauptmasse der Flüssigkeit durch festen Baryt gesättigt. Der neu entstandene, reichliche Niederschlag wurde möglichst rasch abfiltrirt und mit Wasser ausgewaschen. Das Filtrat wurde sofort mit Schwefelsäure neutralisirt, um eine Einwirkung des freien Baryts auf dasselbe zu verhindern. Die auf dem Filter verbliebenen Silber-

---

1) Ueber das Verhalten der Nucleinbasen gegenüber dem Trypsin liegen meines Wissens Untersuchungen nicht vor. Nencki erhielt sie bei der Selbstverdauung des Pankreas, die sich bei Zimmertemperatur vollzog, in ziemlich reichlicher Menge. Er scheint sie als Verdauungsprodukte des Nucleins aufzufassen (s. Ber. der deutsch. chem. Ges., Bd. XXVIII, 1895, S. 562). Da jedoch Kontrollversuche darüber nicht angestellt sind, wie sich die Nucleine gegen Wasser von der Alkalescenz der Verdauungsflüssigkeit verhalten, und nach Kossel bereits siedendes Wasser genügt, um von dem Nuclein die Nucleinbasen abzuspalten, befindet sich die Frage, ob die bei der Selbstverdauung des Pankreas freiwerdenden Nucleinbasen überhaupt als Verdauungsprodukte aufgefasst werden können, wohl noch in der Schwebe. Auch darüber, inwieweit die einmal frei gewordenen Nucleinbasen dem Trypsin zu widerstehen vermögen, sind wir nicht unterrichtet. Mein Verdauungsversuch war nun von vornherein nicht auf eine quantitative Darstellung der Nucleinbasen gerichtet. Ihre Isolirung war ein Nebenbefund. Ich möchte mich daher auch eines Urtheils darüber enthalten, ob sie, wie es scheint, durch das Trypsin eine Verminderung erfahren. Jedenfalls können ihre Reste, das zeigt mein Versuch, sehr lange dem Trypsin Widerstand leisten.

verbindungen mussten das Arginin enthalten. Ich will sie daher als Argininfraction bezeichnen.

Argininfraction.

Der Silberniederschlag wurde in Wasser aufgeschwemmt, mit etwas Schwefelsäure versetzt, um den anhaftenden Baryt völlig unschädlich zu machen, und durch Schwefelwasserstoff in der Wärme zerlegt. Vom Schwefelsilber wurde abfiltrirt. Die stark alkalisch reagirende Flüssigkeit wurde darauf durch Erhitzen zunächst vom Schwefelwasserstoff durch Baryt von geringen Mengen Schwefelsäure befreit und mit Salpetersäure genau neutralisirt. Nachdem ich die eine deutliche Biuretreaction gebende Flüssigkeit zum dünnen Syrup eingedampft hatte, stellte ich sie zur Krystallisation auf. Einige Tage später war die ganze Masse krystallinisch erstarrt. Um die biuretgebende Substanz nach Möglichkeit abzutrennen, löste ich die Krystallmasse nochmals in Wasser und liess das neutrale salpetersaure Arginin sich nur theilweise ausscheiden. Den flüssigen Rest versetzte ich mit Silbernitrat. Im Vacuum schieden sich daraus reichlich Krystalle einer Argininsilbernitratverbindung ab. In der hiervon abgesaugten Mutterlauge schied ich das Silber in der Kälte durch Salzsäure im geringen Ueberschuss aus, filtrirte das entstandene Chlorsilber ab und fällte das Filtrat mit Phosphorwolframsäure. Die Phosphorwolframverbindung wurde mit Barytwasser zerlegt. Das von den unlöslichen Barytverbindungen ablaufende Filtrat gab deutlich Biuretreaction. Es wurde durch CO_2 vom Baryt befreit, auf 250 ccm. eingeengt und der Stickstoff dann nach Kjeldahl bestimmt. Da 10 ccm. 9,1 ccm. $^1/_{10}$ Normaloxalsäure absättigten, enthielt die ganze Flüssigkeit 0,3185 gr. Stickstoff.

Das in einer Menge von 10,2 gr. auskrystallisirte salpetersaure Arginin zeigte schwache Biuretreaction, doch beeinflusste diese Verunreinigung nicht mehr die Analyse.

Es gaben 0,2942 gr. der über Schwefelsäure getrockneten Substanz bei der volumetrischen Stickstoffbestimmung 72 ccm. N bei 13^0 C. und 742 mm. Barometerstand. Als Sperrflüssigkeit diente 25$^0/_0$ Kalilauge.

Für $C_6H_{14}N_4O_2 . HNO_3 + {}^1/_2 H_2O$

Berechnet:	Gefunden:
N = 28,45 %.	N = 28,35 %.

Die Argininsilbernitratverbindung krystallisirte ich nochmals aus schwach salpetersaurem Wasser um. Ich erhielt 11,35 gr. saures Argininsilbernitrat.

Es gaben 0,285 gr. der über Schwefelsäure getrockneten Substanz 0,0765 gr. Ag.

Für $C_6H_{14}N_4O_2 . HNO_3 + AgNO_3$

Berechnet:	Gefunden:
Ag = 26,54 %.	Ag = 26,84 %.

Berechne ich die Argininsalze auf freies Arginin, so entsprechen dieselben 12,067 gr. Arginin mit 3,884 gr. N.

Das Filtrat von der Argininfällung musste das Lysin enthalten, ich bezeichne es daher mit Lysinfraction.

Lysinfraction.

Um das Lysin zu isoliren, fällte ich in der Kälte durch Schwefelsäure den Baryt vollkommen, durch etwas Salzsäure das in Lösung gebliebene Silber aus. Die von den entstehenden Niederschlägen abfiltrirte Flüssigkeit gab keine Spur von Biuretreaction. Sie wurde nochmals mit Phosphorwolframsäure in der Kälte gefällt. Der voluminöse Niederschlag wurde abgesaugt und sorgfältig mit kaltem Wasser gewaschen. Dabei ging leider ein Theil in Lösung, der verbliebene Rest wurde wieder in Wasser aufgeschwemmt, auf 50° C. erwärmt und durch Baryt zerlegt. Die von den unlöslichen Phosphorwolframverbindungen abgesaugte Flüssigkeit wurde durch Kohlensäure vom überschüssigen Baryt befreit. Nachdem sie stark eingeengt war, wobei sich die letzten Spuren von Baryt ausschieden, wurde das Lysin nach einer bisher nicht veröffentlichten, mir von Herrn Professor Kossel zur Verfügung gestellten Methode als Pikrat ausgefällt. Die Ausbeute betrug 39,31 gr.

Es gaben 0,2234 gr. der über Schwefelsäure bis zur Gewichtsconstanz getrockneten Substanz bei der Verbrennung

0,0895 gr. Wasser = 4,57 % H und 0,318 gr. Kohlensäure = 38,83 % C.

Für $C_6H_{14}N_2O_2 . C_6H_3N_3O_7$

Berechnet:	Gefunden:
H = 4,53 %	H = 4,57 %
C = 38,40 »	C = 38,83 »

Berechne ich das Lysinpikrat auf freies Lysin, dann entspricht es 15,31 gr. Lysin mit 2,935 gr. N.

Die Mutterlauge vom Lysinpikrat wurde mit Schwefelsäure angesäuert, darauf die Pikrinsäure durch Aether ausgeschüttelt. Danach wurde die Schwefelsäure durch Baryt entfernt und das Filtrat vom schwefelsauren Baryt auf 250 ccm. gebracht. Von denselben wurden 10 ccm. nach Kjeldahl behandelt. Sie sättigten ab 16,4 ccm. 1/10 Normaloxalsäure. Die 250 ccm. enthielten demnach 0,574 gr. N.

Damit beendete ich die Untersuchung der Fraction A. Auf die dabei erarbeiteten Zahlen werde ich später zurückkommen. Ich wende mich nunmehr zu Fraction B.

Fraction B.

Aus dem durch Phosphorwolframsäure nicht fällbaren Theile entfernte ich zunächst die Phosphorwolframsäure und Schwefelsäure durch Baryt. Den überschüssigen Baryt fällte ich dann wieder genau mit Schwefelsäure aus. Die von den entstehenden Niederschlägen abgesaugte Flüssigkeit wurde zum Syrup eingeengt. Nach einigen Tagen hatte sich reichlich Leucin ausgeschieden. Davon wurde abgesaugt und das Filtrat, das schwache Biuretreaction gab, auf einen Liter aufgefüllt. Die Flüssigkeit wurde darauf in der Hitze mit kohlensaurem Kupfer so lange versetzt, als solches in Lösung ging. Das überschüssige, ungelöst gebliebene kohlensaure Kupfer wurde durch Filtration entfernt. Das tiefblau gefärbte Filtrat wurde darauf auf dem Wasserbade eingeengt, bis sich schon in der Wärme an der Oberfläche blaugrüngefärbte Krusten abzuscheiden begannen. Nach dem Abkühlen bedeckte sich auch der Boden der Abdampfschale mit blau-grünen krümeligen Massen. Die gesammte abgeschiedene Kupferverbindung bestand, wie die spätere Untersuchung ergab, aus nicht ganz reinem Leucin. Das tiefblaue Filtrat vom Leucinkupfer wurde nach den Angaben von Hlasiwetz und Habermann[1]) zur Gewinnung von Asparaginsäure und Glutaminsäure mit Bleiessig unter Vermeidung eines Ueberschusses gefällt (Fällung I).

Die voluminöse Fällung wurde abfiltrirt, das Filtrat durch Schwefelwasserstoff von Blei und Kupfer befreit. Die von den Metallsulfiden durch Filtration befreite Flüssigkeit wurde stark eingeengt zur Krystallisation aufgestellt. Es schied sich jedoch nur etwas Leucin ab. Dasselbe wurde abgesaugt und das neue Filtrat auf ca. 500 ccm. gebracht. Die stark saure Flüssigkeit wurde nun mit Silbernitrat versetzt. Es schied sich zunächst etwas Chlorsilber ab, das durch Filtration entfernt wurde. Das Filtrat versetzte ich weiter mit Silbernitrat. Ein sich bildender Niederschlag löste sich zunächst, erst nachdem ich reichlich Silbernitrat zugegeben, wurde er dauernd. Als ich diesen Punkt erreicht hatte, fügte ich der Flüssigkeit vorsichtig kalt gesättigte Barytlösung zu. Es fiel darauf ein reichlicher weisser Niederschlag. Mit dem Zusatz von Baryt fuhr ich fort bis nicht mehr jeder Tropfen Barytlösung eine dicke weisse Fällung erzeugte, sondern ein weiterer Niederschlag erst durch grössere Barytmengen hervorgerufen wurde. Die so erhaltene reichliche Fällung (Fällung II wurde abfiltrirt), das Filtrat davon so lange mit Silbernitrat- und Barytlösung abwechselnd versetzt, als sich ein weisser Niederschlag absetzte (Fällung III).[2]) Das Filtrat von Fällung III ist bisher von mir nicht weiter untersucht worden.

Fällung I wurde zur weiteren Verarbeitung in Wasser aufgeschwemmt mit H_2S zersetzt und lieferte schliesslich einen stark sauren Syrup, der sich wenig zugänglich erwies. Nur etwas asparaginsaures Kupfer vermochte ich aus ihm zu gewinnen, indem ich ihn mit Wasser aufnahm, heiss mit kohlensaurem Kupfer sättigte und die erhaltene tiefblaue Flüssigkeit koncentrirte.

---

1) Liebig's Annalen, Bd. 169, S. 150.

2) Fällung II und III erfordern eine möglichst schnelle Trennung von der Mutterlauge, da sie sich andernfalls wieder auflösen können.

Füllung II und III erwiesen sich in der Folge als identisch. Ich verarbeitete sie daher auch zusammen. Dieselben wurden ebenfalls in Wasser aufgeschwemmt mit H_2S zersetzt. Das Schwefelsilber wurde abfiltrirt, der Schwefelwasserstoff in der Wärme verjagt, die Flüssigkeit danach zum Syrup koncentrirt. Derselbe erstarrte schnell zu einer weichen Krystallmasse. Um aus derselben analysirbare Verbindungen herauszuholen, wurde sie wieder mit Wasser aufgenommen und heiss mit kohlensaurem Kupfer gesättigt. Vom überschüssigen kohlensauren Kupfer wurde siedend heiss filtrirt. Das tiefblaue Filtrat erstarrte, nachdem es eingeengt war, beim Abkühlen zu einem Krystallbrei, der aus den charakteristischen Nadeln des asparaginsauren Kupfers bestand. Derselbe wurde abgesaugt. Die Ausbeute betrug 9,2 gr. Das noch tief blau gefärbte Filtrat vom asparaginsauren Kupfer wurde zunächst mit Bleiessig unter Vermeidung eines Ueberschusses gefällt. Der Bleiniederschlag wurde abfiltrirt, das neue Filtrat durch Schwefelwasserstoff vom Blei und Kupfer befreit, darauf zum dünnen Syrup eingeengt. Nach einigen Tagen setzten sich in demselben weiche knollige Massen ab, die sich aber bald in kleine knirschende Krystalle umwandelten. Dieselben wurden abgesaugt, mit wenig kaltem Wasser gewaschen, darauf in heissem Wasser gelöst, mit Thierkohle entfärbt und von Neuem zur Krystallisation gebracht. Da sie sich ohne Schwierigkeit durch Salzsäure in das charakteristische salzsaure Salz der Glutaminsäure überführen liessen, konnte es nicht zweifelhaft sein, dass sie aus Glutaminsäure bestanden. Auch aus der Mutterlauge sowie der mit Schwefelwasserstoff zersetzten Bleifällung erhielt ich nach Zugabe von Salzsäure noch etwas Glutaminsäure in Form ihres salzsauren Salzes. Zum grössten Theil bestand jedoch die Mutterlauge und der aus der Bleifällung gewonnene Syrup aus einer nicht krystallisirenden Substanz. Die Ausbeute an salzsaurer Glutaminsäure betrug 3,32 gr.

Bei der Analyse gaben 0,1936 gr. der bei 100° C. getrockneten salzsauren Glutaminsäure 0,1488 gr. AgCl = 19,01 % Cl.

0,2050 gr. der bei 100° C. getrockneten Substanz sättigen nach Kjeldahl behandelt 10,8 ccm. $^1/_{10}$ Normaloxalsäure ab, entsprechend 0,01512 gr. N = 7,38 % N.

Für $C_5H_9NO_4 \cdot HCl$

Berechnet:	Gefunden:
N = 7,63 %	N = 7,38 %
Cl = 19,34 »	Cl = 19,01 »

Das asparaginsaure Kupfer ergab bei der Analyse nachstehende Werthe:

0,3125 gr. der lufttrockenen Substanz sättigen nach Kjeldahl behandelt 10,9 ccm. 1/10 Normaloxalsäure ab, entsprechend 0,01516 N = 4,85 % N.

0,288 gr. des lufttrockenen Salzes gaben 0,0836 gr. CuO = 23,18 % Cu.

Für $C_4H_5NO_4Cu + 4\frac{1}{2}\ H_2O$

Berechnet:	Gefunden:
N = 5,08 %	N = 4,85 %
Cu = 23,02 »	Cu = 23,18 »

Ich lasse nunmehr noch einige Versuche folgen, welche zeigen, dass man durch Trypsinwirkung die biuretgebenden Substanzen bis auf Spuren vernichten kann.

Am 22. September 1898 setzte ich 450 gr. nach Kühne-Chittenden[1]) dargestelltes Trockenpankreas nach der von diesen beiden Autoren in der Zeitschrift für Biologie, Bd. XXII, S. 442 gegebenen Vorschrift zur Autodigestion an. Nachdem die Verdauungsflüssigkeit einen Monat im Brutschrank bei 40° C. gestanden hatte, gab sie eine Biuretreaction, die grade an der Grenze der Wahrnehmbarkeit stand.

Weiter schwemmte ich am 25. Oktober 1898 1665 gr. frisches fein gehacktes Rindspankreas in 6,5 Liter Wasser auf. Ich brachte die gesammte Flüssigkeit auf 0,25 % Sodagehalt und versah sie mit einem reichlichen Ueberschuss von Chloroform sowie Thymol. Da das Gefäss mit der Verdauungsflüssigkeit nicht in den Brutschrank hineinging, musste ich es im Heizraum des Institutes aufstellen. Die Temperatur erreichte an der Stelle, wo ich das Gefäss untergebracht hatte nur ca. 33° C. und sank während der Nacht wesentlich darunter ab. Trotzdem war nach einem Monat in der klar über den ungelösten Theilen der Pankreasdrüsen etc. stehenden Flüssigkeit eine zweifellose Biuretreaction nicht mehr zu er-

---

1) Zeitschrift für Biologie. Bd. XXII, Jahrg. 1886, S. 435.

halten. Die Proben, mit denen die Biuretreaction angestellt wurden, gaben erst nach längerer Zeit eine schwache röthliche Färbung. Durch Kochen wurde merkliche Reduction des Kupfers, aber keine Verstärkung der Farbenreaction erzielt.

In einem dritten Versuch endlich schwemmte ich am 25. Mai 1898 810 gr. frisches fein gehacktes Pankreas in 1000 ccm. Wasser auf. Durch Ammoniak machte ich das Verdauungsgemisch schwach alkalisch und habe es bisher bei Zimmertemperatur gehalten. Eine zweifellose Biuretreaction gibt die über einem Bodensatz stehende Flüssigkeit nicht mehr, sondern die Proben färben sich genau wie im vorstehenden Versuch erst nach längerem Stehen schwach röthlich.[1])

Dass ich in allen meinen Verdauungsversuchen die Fäulniss durch überreichlichen wiederholten Zusatz von Chloroform und Thymol ausschloss, will ich hier nochmals besonders hervorheben.

Schlussfolgerungen.

Von vorn herein hatte ich mir die Aufgabe gestellt nachzuweisen, dass bei einer ausgedehnten, energischen Trypsinverdauung die biuretgebende Substanz auf einen geringen Rest zusammenschrumpft resp. ganz verschwindet. Sehen wir nun zu, wie weit die Lösung der gestellten Aufgabe geglückt ist.

Mein Hauptversuch ist allerdings insofern nicht vollkommen gelungen, als ich die biuretgebende Substanz nicht völlig zu vernichten vermochte, obgleich ich die Verdauung fast über 5 Monate ausdehnte. Er gestaltete sich jedoch darin günstig, dass es mir glückte, in dem mit Phosphorwolframsäure gefällten dem gereinigten Drüsenpepton entsprechenden

---

[1]) Zu ganz gleichen Resultaten ist bei der Autodigestion des Pankreas bereits vor langer Zeit Morochewetz gekommen und hat die Consequenzen daraus gezogen (s. Petersburger medicinische Wochenschrift N. F. 3. Jahrg. 1886, S. 135. Die ausführlichen russischen Abhandlungen waren mir nicht zugänglich). Die Angaben von Morochewetz sind dann durch Herrn Lawrow bestätigt worden. Mir waren die Arbeiten von Lawrow und Morochewetz unbekannt, bis ich durch Herrn Lawrow zufällig davon erfuhr.

Theil, die biuretgebenden Substanzen vollkommen in die Argininportion hineinzudrängen, die wir dank der Arbeiten von Kossel, Hedin, Schulze am besten beherrschen. Durch die Abscheidung des Arginins liess sich der biuretgebende Rest dann noch weiter isoliren. Ich lasse jetzt die im Hauptversuch gewonnenen Zahlen folgen, welche uns zeigen, wie sich der Stickstoff des in der Fraction A enthaltenen «Drüsenpeptons» vertheilt. Die Gesammtmenge des im gereinigten Drüsenpepton enthaltenen Stickstoffs betrug 12,37 gr. Davon wurden wieder gefunden:

im Histidin	0,46
in der Histidinmutterlauge	0,378
in den Nucleinbasen	0,5870
im Arginin	3,884
in der biuretgeb. Substanz . . .	0,3185
im Lysin	2,935
in der Lysinmutterlauge	0,574
Sa.	9,1365

In Verlust gegangen sind demnach 3,2335 gr. N = 26,14 % des Gesammtstickstoffs. Dieser Verlust betraf wahrscheinlich besonders die Lysinportion, deren Phosphorwolframfällung beim erforderlichen sorgfältigen Auswaschen sich merklich löste. Nehmen wir jedoch auch an, dass er sich gleichmässig vertheilt habe und addiren dem Stickstoff der biuretgebenden Substanz 0,0833 gr., so waren durch die biuretgebende Substanz doch nur 0,4018 gr. Stickstoff gebunden. Diese Zahl erreicht nicht einmal den Stickstoff der von mir aus der Phosphorwolframfällung isolirten Nucleinbasen, die man bisher als eine Verunreinigung des «Drüsenpeptons» gar nicht in Betracht gezogen hat.

Noch günstiger gestalten sich die Verhältnisse im zweiten Verdauungsversuch. Hier betrug das Volumen der Verdauungsflüssigkeit 5 Liter. Die mit allen Vorsichtsmassregeln angestellte Biuretreaction gab eine noch eben wahrnehmbare Färbung. Lege ich diesem Versuch den Grenzwerth zu Grunde, den Neumeister[1]) betreffs der Biuretreaction für die Albumosen und Peptone festgestellt hat, dann können nur ca. 0,5 gr.

[1]) Zeitschrift für Biologie, Bd. XXVI, 1890, S. 324.

«Pepton» der Wirkung des Trypsins entgangen sein. Die Verdauungsflüssigkeiten von Versuch 3 und 4 endlich, die überhaupt keine zweifellose Biuretreaction mehr gaben, dürften demnach wenn überhaupt nur Spuren biuretgebender Substanz enthalten haben.

Man könnte allerdings einwenden, dass bei der Verdauung Körper entstehen, welche das Eintreten der Biuretreaction hindern. In der That schienen sich derartige Substanzen gebildet zu haben, wie Controlproben der Verdauungsflüssigkeiten, die ich mit Albumoselösungen versetzte, zeigten. Die Schwierigkeiten liessen sich jedoch durch Zugabe grösserer Mengen Natronlauge sowie etwas mehr Kupfersulfat beseitigen, und da ich die Biuretreaction in meinen Verdauungsflüssigkeiten unter allen möglichen Modificationen anstellte, kann obiger Einwand kaum ins Gewicht fallen.

Demnach haben sich in meinen letzten Verdauungsversuchen die Eiweisskörper des Pankreas bis zum nahezu vollkommenen Verschwinden der Biuretreaction spalten lassen. In Versuch 1 aber, wo eine etwas grössere Menge biuretgebender Substanz dem Trypsin widerstanden hatte, konnte ich den Nachweis führen, dass sie gegenüber den anderen Körpern, denen sie anhaftete nicht wesentlich ins Gewicht fiel. Damit scheint die Aufgabe, die ich mir gestellt, vollkommen gelöst zu sein. Ein einfacher Kettenschluss aber, der sich auf die vorstehenden Thatsachen stützt, gestattet wenigstens für die Eiweisskörper des Pankreas die Antigruppe auszuschliessen.

In welcher Weise beeinflussen nun die von mir gewonnenen Resultate die Theorie Kühne's vom Abbau der Eiweisskörper durch die proteolytischen Enzyme des Körpers? Jedenfalls müssen sie dieselbe wesentlich vereinfachen. Denn da ich für die Eiweisskörper des Pankreas mit Sicherheit das Fehlen einer Antigruppe im Vorstehenden nachgewiesen, für das Fibrin das Gleiche sehr wahrscheinlich gemacht habe,[1]) können die genannten Eiweisskörper, gleichgültig ob es sich um Pepsin- oder Trypsinverdauung handelt, nur einfache Albu-

---

1) Zeitschrift für physiol. Chemie, Bd. XXV, S. 195 u. Bd. XXVI, S. 110.

mosen liefern, ebenso wird das complicirte Amphopepton, das sich bei der Pepsinverdauung bilden sollte, wieder ein einfaches Pepton. Ob bei der Trypsinverdauung sich ein Pepton im Sinne Kühne's bildet, oder ob nicht die Albumosen durch das Trypsin sofort in kleinere Bruchstücke zersprengt werden, die noch die Biuretreaction geben, aber schon eine relativ einfache Construction zeigen etwa wie sie das von Kossel bei der Trypsinverdauung des Protamins erhaltene Zwischenprodukt aufweist, das muss ich bis zur Reindarstellung der biuretgebenden Substanzen dahingestellt sein lassen. Als Endprodukte der Trypsinverdauung treten schliesslich Leucin und Tyrosin auf. Nach deren Auskrystallisation gelangt man zu einem Syrup, der die übrigen Endprodukte der Trypsinverdauung nämlich die Hexonbasen Lysin, Arginin, Histidin, weiter Ammoniak, Asparaginsäure, Glutaminsäure sowie sehr viel unbekannte Substanz enthält und der Hauptsache nach das repräsentirt, was man bisher mit dem Sammelnamen «Antipepton» bezeichnet hat. Drücke ich diese Vorgänge in einem Schema aus, dann würde sich dasselbe folgendermassen gestalten:

Schema der digestiven Eiweissspaltung.

Pepsinwirkung.	Trypsinwirkung.
Natives Eiweiss	Natives Eiweiss
|	|
Syntonine	Deuteroalbumosen
|	|
Protalbumosen	Peptone?
|	|
Deuteroalbumosen	
|	
Peptone	Leucin, Tyrosin, Lysin, Arginin, Histidin, Ammoniak, Asparaginsäure, Glutaminsäure etc.

Noch weiter würde sich das vorstehende Schema vereinfachen und unseren derzeitigen Erfahrungen mehr entsprechen, wenn wir in demselben wieder die ältere Bezeichnungsweise einführen würden, nach der man die Protalbumosen «Propeptone», die Deuteroalbumosen und das Pepton Kühne's «Peptone» nannte. Denn seitdem die Beobachtungen Folin's[1]) es wahrscheinlich gemacht haben, dass es Deuteroalbumosen gibt, welche der

[1]) Zeitschrift für physiologische Chemie, Bd. XXV, S. 163.

Pepsinwirkung widerstehen können, man aber nach der namentlich auch von Kühne vertretenen Anschauung die Endprodukte der Einwirkung des Pepsins auf Eiweisskörper, welche also durch dieses Ferment nicht weiter verändert werden, Peptone[1] nennt, würden wir mit der von Kühne geübten Bezeichnungsweise in Schwierigkeiten gerathen. Dieselben verschwinden sofort bei Einführung der weit allgemeiner gefassten älteren Bezeichnungsweise. Danach würde sich das Schema richtiger wie folgt gestalten:

Schema der digestiven Eiweissspaltung.

Pepsinwirkung.	Trypsinwirkung.
Natives Eiweiss	Natives Eiweiss
|	|
Syntonine	Peptone
|	|
Propeptone	
|	
Peptone	Leucin, Tyrosin, Lysin, Arginin, Histidin, Ammoniak, Asparaginsäure, Glutaminsäure etc.

Es ist zum Schluss nicht ohne Interesse, die in meinem Hauptversuch bei der Trypsinverdauung als Endpunkte gewonnenen Körper ihrer Menge nach mit den bei der Spaltung der Eiweisskörper durch Säuren erhaltenen zu vergleichen. Unterworfen wurden der Trypsinverdauung 450 gr. Trockenpankreas. Da dieselben jedoch nach den Erfahrungen Kühne's[2] ca. 54 gr. unverdaulichen Rest liefern, reducirt sich die Menge der wirklich gespaltenen Eiweisskörper auf ca. 400 gr. Die Ausbeute an Leucin und Tyrosin ist quantitativ nicht bestimmt worden. An Lysin lieferten sie 3,82 %, an Arginin 3,02 %, an Histidin 0,41 %, an Asparaginsäure 1,1 %, an Glutaminsäure 0,66 %.

Der gefundene geringe Werth für Glutaminsäure spricht dafür, dass sich die Spaltung des thierischen Eiweisses bei der Trypsinverdauung analog der Spaltung der genannten Körper durch concentrirte Schwefelsäure vollziehen muss. Nun liegen quantitative Bestimmungen über die Menge der bei der

---

1) Siehe auch Drechsel, Ladenburgs Handwörterbuch der Chemie, Bd. III, S. 562.

2) Zeitschrift für Biologie, Bd. XXII, 1886, S. 435.

Spaltung des Eiweisses durch concentrirte Schwefelsäure sich bildenden Hexonbasen nicht vor. Da aber dieselben nach bisher nicht publicirten Versuchen des Herrn Professor Kossel einen wesentlichen Unterschied gegenüber den bei der Sprengung des Eiweisses durch concentrirte Salzsäure erhaltenen nicht zeigen, kann ich wohl die von mir isolirten Hexonbasen im Vergleich mit den von Hedin[1]) bei der Spaltung der Eiweisskörper durch concentrirte Salzsäure gewonnenen setzen. Ich stelle die von Hedin erhaltenen Höchstwerthe den meinigen gegenüber.

Von Hedin erhalten:		Von mir erhalten:	
Histidin	0,263 %	Histidin	0,41 %
Arginin	2,75 »	Arginin	3,02 »
Lysin	—	Lysin	3,82 »

Asparaginsäure wurde von Kreusler[2]) in einer Menge, die der von mir gewonnenen gleichkommen mag, aus den durch Schwefelsäureeinwirkung erzielten Spaltungsprodukten der thierischen Eiweisskörper isolirt. Glutaminsäure hat man bisher bei der eben genannten Spaltungsmethode aus thierischem Eiweiss nicht darstellen können.

Auch die vorstehenden Zahlen sprechen, glaube ich, deutlich für die fast vollkommene Sprengung des Eiweissmoleküls durch Trypsin in meinem Hauptversuch.

Ziehe ich nunmehr aus meiner Arbeit das Facit, so scheint mir das Hauptresultat die Thatsache, dass sich durch eine energische, langdauernde Trypsinverdauung eine Reihe Eiweisskörper sicher bis auf Spuren spalten lässt.

Die Spaltung verläuft wahrscheinlich durchaus ähnlich der durch concentrirte Schwefelsäure bewirkten.

Als Endprodukte treten schliesslich dieselben Körper auf, die wir auch bei der Spaltung des Eiweisses durch concentrirte Schwefelsäure erscheinen sehen, während die Peptone nur Zwischenstufen bilden.

---

1) Hedin, Zeitschrift für physiol. Chemie, Bd. XXI, S. 165 und Bd. XXII, 191.

2) Kreusler, Journal für praktische Chemie, Bd. CVII, S. 240.

M. DuMont-Schauberg, Strassburg i. E.

MIX
Papier | Fördert gute Waldnutzung
FSC® C083411

Zeitfracht Medien GmbH
Ferdinand-Jühlke-Straße 7
99095 Erfurt, Deutschland
produktsicherheit@kolibri360.de